锻炼脑力思维游戏
数学魔方

编著：王维浩

吉林科学技术出版社

前　言

　　玩，是少年儿童的天性。为了让少年儿童玩出乐趣，玩出新奇，玩出品位，玩出智慧，越玩越聪明，我们推出了"锻炼脑力思维游戏"系列图书。该系列图书共分八册，每册均以不同的内容为主题，编创了有趣的、异想天开的智力游戏题。游戏是伴随孩子成长的好伙伴，孩子会在游戏中开发大脑，收获知识。

　　本册《数学魔方》，以多种游戏的方式向孩子们展示了数学领域的科学性。每道题都是按照一定逻辑顺序排列的，在锻炼孩子思维能力的同时，也能提升孩子的数学计算能力，激发孩子的学习兴趣，起到寓教于乐的效果。

　　"锻炼脑力思维游戏"系列图书，图文并茂，集知识性、娱乐性和可操作性于一体，既能把课堂上学到的知识运用到游戏当中，又能使课堂上学到的知识得到相应的延展，既为孩子们开启了玩兴不尽的趣味乐园，又送上了回味无穷的益智美餐。

问题

尾巴上的数

请你根据动物脚上的这组数据，推算出问号处该填入什么数。好好动动你的小脑瓜吧！

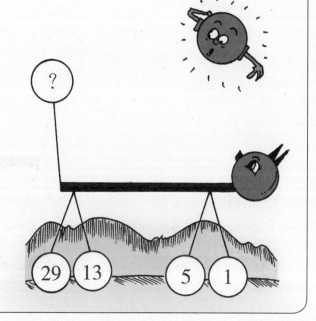

29 13 5 1

问题

填数字

请你根据这些数字的变化规律，推算出问号处应填入什么数。好好想一下吧！

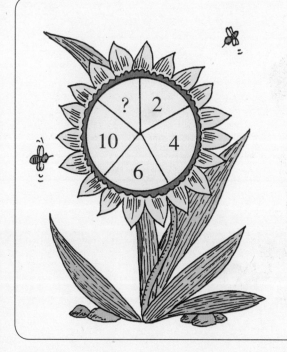

问号处应填入61，因为相邻两数之差的两倍加上两数中的第二个数，得第三个数。即：

$5-1=4$，$4\times2=8$，

$8+5=13$；

$13-5=8$，$8\times2=16$，

$16+13=29$；

$29-13=16$，$16\times2=32$，

$32+29=61$

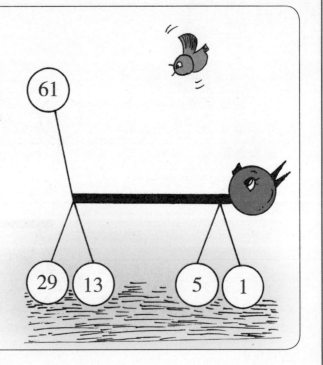

答案

应填16。因为从2开始，前一个数加后一个数的和等于下一个数，如$2+4=6$，$4+6=10$……

问题

问号处的数

圆圈中的数字都是有着特殊联系的，请你根据这一联系，把答案填入问号处的空格里。

问题

问号处的数

请你找出图中这些数字的变化规律，并把问号处的数填上。

数学魔方

答案

应填10。因为对角中的两个数，大数和小数之差都为6。

答案

应填入145。因为从4开始，$4^2=16$，$1^2+6^2=37$，$3^2+7^2=58$，$5^2+8^2=89$，$8^2+9^2=145$。

问题

圆盘上的数

请你找出图中数字的变化规律，然后推算出问号处的数字。

问题

鹿脑袋上的数

请你根据图中数字的变化规律，推算出问号处该填入什么数。

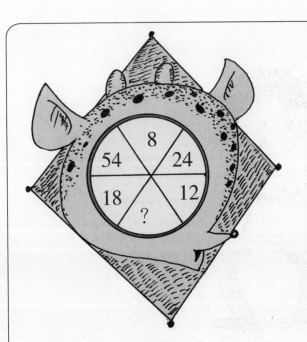

数学魔方

答案

应填6。因为从9到36依次除以3、4、5、6，便会得到对角扇形框中的数字。

答案

应填36。前一数字乘以3、除以2，就会得到后一个数，如 12×3=36，36÷2=18……

问题

五角星上的数

请你根据图中数字的变化规律，推算出五角星上所缺的数。

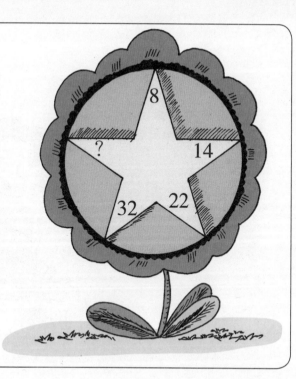

问题

花朵上的数

请你根据图中数字的变化规律，推算出问号处应填入什么数。

答案

应填44。因为从8开始，沿顺时针方向，相邻两数依次增加6、8、10、12。

答案

应填18。因为有两组数字交替出现，即沿顺时针方向，从6开始，依次增加4，从8开始，依次加3。从10开始又是增加4，从11开始增加3。所以14开始增加4所得是18。

问题

买水果

一个女孩买了一打橙子,两打苹果,她用了6个橙子榨汁,12个苹果做饼馅,然后又去商店买了相当于剩下的水果的总和数的一半的苹果。请问,她现在总共有多少个水果?

问题

登山坡

小兔子打算登上一座1米高的山坡,它一次可以跳30厘米,但是每跳一次就要睡上3个小时,请问几小时后小兔子能登上坡顶呢?

答案

她现在共有 27 个水果。

12 个为一打。

[（6+12）÷2]+18=27

答案

累死我了！

9 小时。小兔子整个过程会睡 3 次，所以需要的时间为 3×3=9 小时。

问题

书本上的数

请你根据图中数字的变化规律，推算出问号处应填入什么数。

8	5	3
4	2	2
9	6	?

问题

花朵上的数

请你根据图中这些数字的变化规律，推算出问号处该填入什么数。

答案

应填3。因为每一行的前两个数相减，得到后一个数，如8-5=3，4-2=2，9-6=3。

8	5	3
4	2	2
9	6	3

答案

应填16。因为有两列数，沿顺时针方向，一列从7开始依次增加3，另一列从14开始依次减2。

问题

鸡身上的数

请你根据图中这些数字的变化规律，推算出空格里的数字是什么。

问题

尾巴上的数

请你根据动物脚上数字变化的规律，推算出尾巴的问号处该填入什么数。

答案

应填4。因为有两列数，沿顺时针方向，一列从4开始，依次增加1，另一列从2开始，依次增加1。

答案

应填32。图中数字依次为0、1、2、3、4平方的2倍。

数学魔方

问题

花朵上的数

请你根据图中这些数字的变化规律，推算出问号处该填入什么数。

问题

人头上的数

请你根据左图中数字变化的规律，推算出右图问号处该填入什么数。

017

数学魔方

应填 12。有两组数字交替出现,沿顺时针方向,从 6 开始依次加 2,从 8 开始依次加 3。

应填 3。上举手臂的数为正数,下落的为负数,两数相加得头部的数字。

三角形中的数

请你根据左边两个三角形中数字变化的规律，推算出右边三角形问号处应填入什么数。小朋友，好好想想吧！

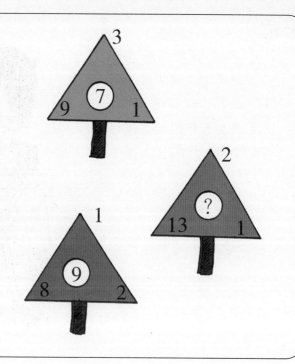

龟背上的数

请你根据图中数字变化的规律，推算出问号处该填入什么数。

答案

应填12。将三角形的每个角上的数字相加，再减去三角形外的数，便得到圆圈中的数字。

答案

应填21。因为从数字1开始，按顺时针方向，相邻两数依次增加2、4、6、8。

浮萍的面积每天长大一倍，10 天就能长满池塘，那么请问，浮萍长满半个池塘需要多少天？

问题

馋猫

猫爸爸钓来了一些鱼。小猫第一天偷吃了一半，又多吃了一条。第二天，它又把剩下的鱼吃掉了一半，再多吃了一条。第三天它又吃掉剩下的一半，再多吃了一条。到了第四天，猫妈妈发现猫爸爸钓来的鱼只剩下一条了。那么，你知道猫爸爸钓了多少条鱼吗？小猫每天各吃了几条鱼？

答案

浮萍长到半个池塘需9天。因为浮萍每天面积长大1倍，所以从半个池塘到长满整个池塘只需要1天时间，这样10天减去1天，当然就是9天了。

需要9天！

答案

怎么只剩下1条鱼了？

猫爸爸共钓了22条鱼。小猫第一天吃了12条，第二天吃了6条，第三天吃了3条，最后剩下1条鱼。

问题

小熊身上的数

请你找出图中这些数字的变化规律，推算出问号处该填入什么数。

问题

问号处的数

请你找出图中这些数字的变化规律，推算出问号处该填入什么数。

答案

应填35。因为从4开始，沿顺时针方向，数列依次增加1、2、4、8、16。

答案

应该填6。有两组数字交替出现，即沿顺时针方向，从15开始，数列递减3，从13开始，数列递减2。

问题

请你根据图中这些数字的变化，推算出问号处应填入什么数。

问题

五角星里的数

请你根据图中数字变化的规律，推算出问号处应填入什么数。

2

? 3

17 5

9

答案

应填48。因为从18开始，沿顺时针方向，相邻两数之差分别为2、4、8、16。

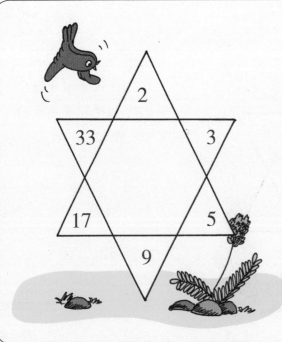

答案

应填33。从2开始，按顺时针方向，将前一个数乘以2再减1，便得到下一个数。

问题

蘑菇上的数

圆圈中的这些数字，都有着特殊的联系，请你好好想一下，推算出问号处该填入什么数。

问题

花朵上的数

请你根据图中数字变化的规律，推算出问号处应填入什么数。

数学魔方

答案

应填9。因为对角两数之差都为5。

答案

应填21。因为从3开始，沿顺时针方向，前后两个数相加，便会得到下一个数，如3+5=8，5+8=13……

问题

框中的数字

左侧两个框中的四个数字是按一定规律排列的，请你据此推算出第三个框的右下角该填入什么数。

问题

填数

请你仔细瞧瞧，找出图中数字变化的规律，然后推算出空格处应填入什么数。

数学魔方

答案

应填10。因为各方块中上方两数相加再乘以左下角的数，便会得到右下角的数字。

答案

空格处应填3。有两组数字交替出现，即从3开始，沿顺时针方向，数列递增1，从1开始，数列递增1。

问题

果汁重

丁丁有一瓶果汁，果汁和瓶一共重 3 千克，他倒掉了一半果汁后，连瓶共重 2 千克。请问，瓶内原有几千克果汁？空瓶重几千克？

我在用电脑计算！

问题

多少级阶梯

老师问豆豆："一层楼有 10 级阶梯，8 层楼一共有多少级阶梯？"豆豆一时没有回过神来。那么，你知道有多少级阶梯吗？

答案

瓶内原有2千克果汁，空瓶重1千克。

答案

8层楼一共有70级阶梯。

问题

填数

请你根据图中数字变化的规律，推算出空格中该填入什么数。

问题

填数

左图中共有16个小方块，需要将1、2、3、4……16分别填进去，具体要求是：填好后，每一行的和都是34。现在，这里已填进去了几个数，请你将剩下的数填入。

1		14	
	6		9
8			2
	3	5	

答案

应填36。因为圆圈中的数分别为 1、2、3、4、5、6、7、8 的平方。

答案

1	12	14	7
15	6	4	9
8	13	11	2
10	3	5	16

如左图。

填数

请你仔细瞧瞧右图这些数字有什么变化规律，并想想问号处应填入什么数。

2	5	14
		41
		?

问题

火车上的数

请你根据第一列火车上数字变化的规律，推算出第二列火车问号处的数字。

答案

问号处应填122。因为后一个数是前一个数的3倍减1，如5=2×3-1，14=5×3-1，41=14×3-1。

知道了吧！

122

答案

应填10。车轮上的数字之和等于烟囱上的数字。

10

2 2   3 3

问题

填数

请你把 2、7、12、13 这四个数填在右图空格里，使方阵的每一列、行、斜行上的四个数之和都相等，你办得到吗？

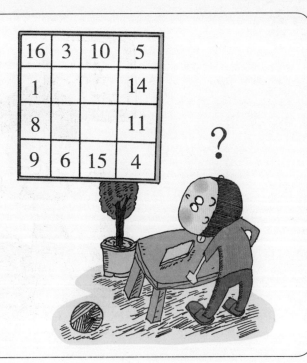

16	3	10	5
1			14
8			11
9	6	15	4

问题

花朵上的数

请你根据左图中数字变化的规律，推算出右图中问号处是什么数。

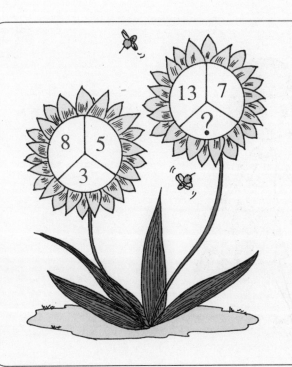

数学魔方

答案

如右图。

答案

应填6。因为底部数字等于顶部两数之差。

问题

人体填数

请你根据左图中的数字变化规律，推算出右图问号处是什么数。

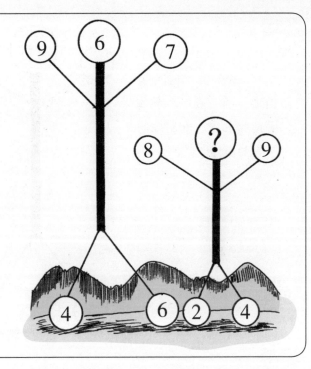

问题

智能小屋

这是一栋智能小屋，门窗上的三个数必须与左图数字规律相同才能打开。现在如果想打开门，必须在门上键入 A、B、C 中的哪一个数？

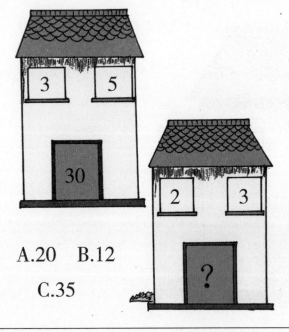

A.20　B.12

C.35

答案

应填 11。因为左图中，两手数字之和减去两脚数字之和，即为头部的数字。

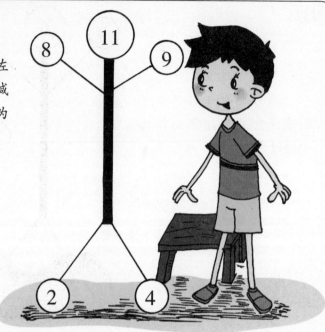

答案

应键入 12。门上的数是两个窗户上的数字的乘积的 2 倍。

问题

彩纸

果果有一张40厘米长的正方形彩色纸，他先把彩纸二等分，接着再沿长边四等分，请问，现在每张彩纸长几厘米？

问题

这儿有2082、497、35、0、258、394几个数。请你在30秒内算出它们的积是多少。当然，不能用笔算，只能用心算，你行吗？

答案

他将彩纸裁剪成 8 张长 10×20 厘米的纸条。每张彩纸长 20 厘米。

20 厘米

10 厘米

40 厘米

答案

积是 0。因为这些数中有一个乘数是 0，而 0 乘以任何数都等于 0。

积是零。

问题

填数

请你找出图中数字变化的规律，并推算出问号处该填入什么数。

4	8	6
6	2	4
8	6	?

问题

填数

请你根据图中数字变化的规律，推算出问号处该填入什么数。

? 7
45 13
24

答案

应填7。因为每行前两个数之和的一半，即为第三个数。

应填入7。

答案

应填86。因为从7开始，沿顺时针方向，每一个数字乘以2，然后依次减去1、2、3、4，便得到下一个数。

问题

蜗牛井

一只蜗牛正从一口井的井底往上爬，这口井深 20 米，白天蜗牛向上爬 3 米，夜间又滑下 2 米。请问，蜗牛需要多少日才能爬出来？

问题

电视与人

房中有几台电视机和若干人，每人一台电视机的话，则少一台电视机，两个人一台电视机的话，则多了一台电视机。请问，房中到底有多少台电视机？又有多少个人？

数学魔方

答案

18天。因为到了第18天，蜗牛就爬到20米高了，并且出井，不会再往下滑。

累死我啦！

答案

房间里有3台电视机，4个人。

问题

书上的数

这本书的封面上有许多数字，请你找出这些数字的变化规律，然后推算出问号处该填入什么数。

3	9	3
5	7	1
7	1	?

问题

头上的数

请你根据前面两个人身上数字变化的规律，推算出问号处该填入什么数。

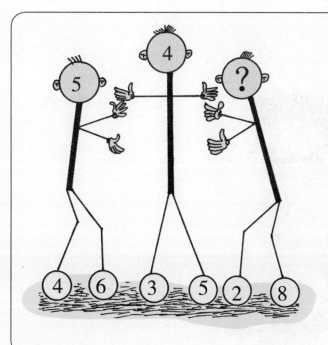

答案

应填 3。因为每行中前两个数之差除以 2，便得到第三个数。

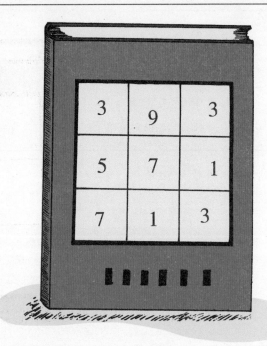

3	9	3
5	7	1
7	1	3

答案

应填 5。因为头部数字是两脚数字之和的一半。

我这只脚是什么数？

填数

请你找出图中这些数字的变化规律，并推算出问号处该填入什么数。

问题

巧填数

请将 1 ～ 11 各数填入图中的圆内（5、6、1 已填），使三个大圆上的四个数之和都为 24。你知道怎么填吗？

数学魔方

答案

应填37。从6开始，沿顺时针方向，将每一个数乘以2再减5，便得到下一个数。

答案

如图所示。

问题

切蛋糕

佳佳过生日，爸爸指着桌上的蛋糕对佳佳说，这个蛋糕由你来切，你就让妈妈吃的蛋糕是你吃的一倍，而爸爸吃的是你吃的一半。小朋友，你知道这个蛋糕该怎么切吗？

问题

卷烟

一个流浪汉利用5个烟头的烟丝卷成一支香烟，今天他捡了25个烟头，他可以做多少支烟？

答案

佳佳应该把蛋糕切成7份，给妈妈4份，给自己2份，给爸爸1份。

呀，分出来了！

答案

他可以卷6支烟。因为他25个烟头可以卷5支烟，而这5支烟头又可以卷成一支烟，一共所以能卷6支烟。

可以卷6支！

问题

房上的数

请你根据图中数字变化的规律，推算出问号处该填入什么数。

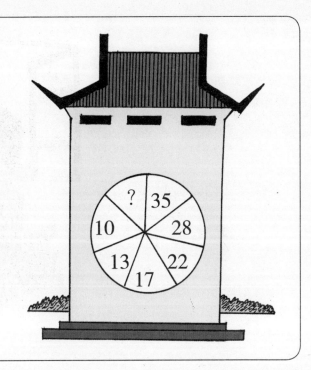

问题

填数

请你根据这组数字变化的规律，推算出问号处该填入什么数。

12	14	?
11		26

42

数学魔方

答案

应填8。因为从35开始，依次递减7、6、5、4、3、2。

答案

应该填18。因为每个数的2倍减10等于下一个数。即 11×2=22，22−10=12；12×2=24，24−10=14；……

花朵上的数

请你根据图中数字变化的规律，推算出问号处该填入什么数。

灯笼上的数

请你根据图中数字的变化规律，推算出问号处应填入什么数。

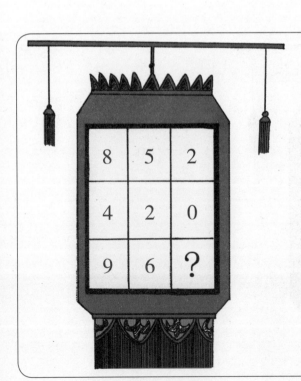

答案

应填18。因为对角两数，大数是小数的两倍。

答案

应填入数字3。因为每行数字以相同数字递减，第一行递减3，第二行递减2，第三行递减3。

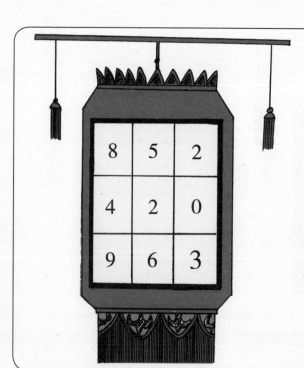

尾巴上的数

请你根据图中动物脚上数字变化的规律,推算出问号处该填入什么数。好好动动你的小脑瓜吧!

花朵上的数

请你根据图中数字变化的规律,推算出问号处该填入什么数。

答案

应填 7。每个数的一半减去 2，即为下一个数。

答案

应填 19。因为有两列数交替出现，沿顺时针方向，一列从 7 开始，依次增 3、4、5；一列从 14 开始，依次减 2、3。

钟声

康康家里有一个大座钟，座钟每次敲6下，5秒钟可以敲完，那么，钟如果敲12下，几秒钟能够敲完？

问题

细胞分裂

每个细胞每分钟可以由一变二，假设经过一小时，容器恰好可以装满，那么如果最初装进两个细胞，需要几分钟可将容器装满呢？

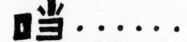

钟敲 12 下应该用 11 秒钟。

需要 59 分钟。因为第一个细胞生成时用了一分钟，再一变为二时，又用了一分钟，以后细胞每次一变为二时只需要一分钟，所以 59 分钟可以把溶器装满。

问题

考题

课堂上，老师出了这么一道题，从1数到100，要说多少个"7"，你知道吗？

谁能答出来？

问题

烙饼时间

如果4位烘馅饼的面包师在20小时里共烘20个馅饼，那么，两位烘馅饼面包师烘10个馅饼需要多少小时？

答案

要说 20 个 7，即 7、17、27、37、47、57、67、77（算 2 个）、87、97、70、71、72、73、74、75、76、78、79。

我知道！

答案

需要 20 小时。

累死我了！

填数

请你根据上面两个三角形的数字变化规律，推算出问号处应填入什么数。

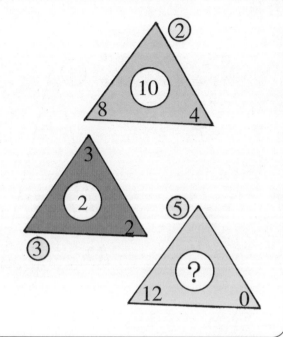

花朵上的数

请你根据花瓣上面数字变化的规律，推算出问号处应填入什么数字。

数学魔方

答案

应填7。将三角形两角上的数字相加，再减去三角形外的数，即得到圆圈中的数字。

答案

应填46。因为从1开始，沿顺时针方向，将每个数加1再乘以2，即得到下一个数。

问题

填数

请你根据图中数字变化的规律，推算出问号处应填入什么数字。

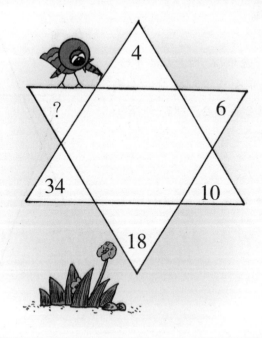

4

？　　6

34　　10

18

问题

小木屋上的数

请你根据图中数字变化的规律，推算出问号处该填入什么数字。

？　$3\frac{1}{2}$

49　　4

14　　7

答案

应填66。因为从4开始，按顺时针方向，将前一个数乘以2再减2，即得到下一个数。

答案

应填343。从$3\frac{1}{2}$开始，沿顺时针方向，将前两个数字相乘再除以2，就得到后一个数，所以$14 \times 49 \div 2 = 343$。

问题

花朵上的数

请你根据图中数字变化的规律，推算出问号处应填入什么数。小朋友，好好想想吧！

问题

填数

请你在九个小方格内把 1~17 中的几个奇数放进去，使列、行、斜列上任何三个数的和都相等，现已放入数字 9。

答案

应填 22。因为从 2 开始，按顺时针方向，相邻两数之差分别为 2、3、4、5、6。

答案

如左图所示。

问题

请你仔细观察图中这些数字的变化规律，推算出问号处应填入什么数。你能填出来吗？

问题

蜗牛背上的数

这只蜗牛背上有一组数字，请你根据这些数字的变化规律，推算出问号处该填入什么数。

答案

应填9。因为各对角两数之差都为6。

答案

应填25。因为从5开始，沿顺时针方向，相邻两数之差分别为2、3、4、5、6。

问题

两个小孩的年龄

有两个孩子，大孩子的年龄是小孩子年龄的 3 倍，他俩的年龄之和是 16 岁。请你算一算，他俩各多少岁？

问题

赛跑

跑道上有 A、B、C 三个运动员，在一分钟内 A 能跑两圈，B 能跑三圈，C 能跑四圈。现在三个人并排在起跑线上，准备向同一个方向起跑。请问，经过几分钟，这三人又能并排地跑在起跑线上？

大孩子 12 岁,
小孩子 4 岁。

答案

咱们又见面了!

一分钟后。这时 A 跑完两圈,B 跑完三圈,C 跑完四圈了,三人正好再次在起跑线上处于并排状态。

问题

方格中的数

请将 1 ~ 8 这几个数字填入右图中，使其对角线、外正方形、内正方形之和均为 18。现已填好四个数，剩下的该怎么填呢？

问题

花朵上的数

请你找出图中这些数字的变化规律，并推算出问号处该填入什么数。

答案

如右图所示。

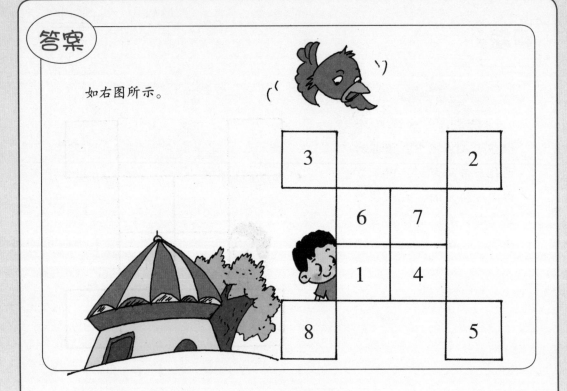

答案

应填34。从最上面的1开始，按顺时针方向，相邻两数之和等于第三个数，因此所缺数字为：13+21=34。

问题

方块上的数

前两个方块中的四个数字是按一定规律排列的，请你推算出第三个方块右下方问号处该填上什么数字。

问题

填数

请你将 1 ~ 10 这十个自然数分别填入图中的十个圆圈内，使图中的长方形每条边上各数的和都是一个质数，怎么填？

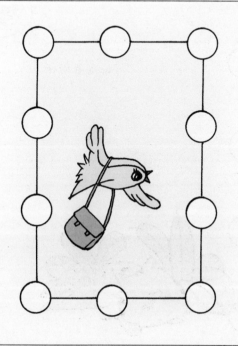

答案

应填12。因为各方块中上方两个数相加再乘以左下方的数等于右下方的数。

答案

如左图所示。

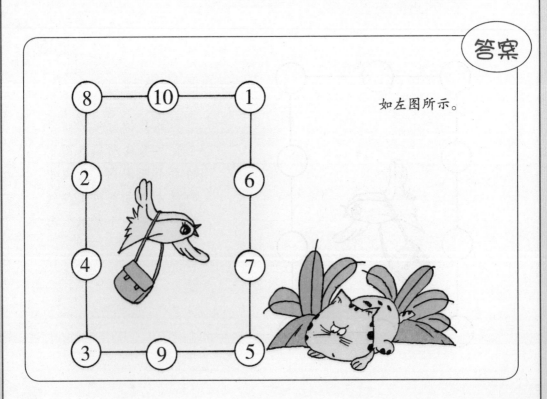

问题

灯笼上的数

请你根据数字变化的规律，推算出方格中问号处该填入什么数字。

3	7	16
6	13	28
9	19	?

问题

填数

请你找出这些数字变化的规律，推算出问号处该填上什么数字。加油吧！

答案

应填入 40。因为每一行中，第一个数的 2 倍加 1 为第二个数，第二个数的 2 倍加 2 为第三个数。

答案

应填 49。因为圆圈中的数分别为 2×2、3×3、4×4、5×5……

问题

房顶上的数

请你根据左图中数字的变化规律，推算出右图中所缺的数字，你能行吗？

问题

花朵上的数

请你根据左面花朵上的数字变化规律，推算出右面花朵上问号处的数字。你能行吗。

数学魔方

答案

应填入8。左图窗内数之和减去门内数等于屋顶圆圈内的数。

答案

应填7。因为左图底部数字等于顶部两数之差。

问题

大鲨鱼

这是一条大鲨鱼，它的头长3米，身长恰好等于头的长度加上尾巴的长度，尾巴的长度等于头长加身长的一半。你能算出这条鲨鱼有多长吗？

问题

壶里的酒

古时酒的计量单位是"斗"。这日一人边走边喝酒，遇到酒店就加一倍的酒，看到花丛就喝一斗。就这样他先遇到酒店，再遇到花丛；又遇到酒店，又遇到花丛……像这样他三遇酒店，三遇花。刚好喝完壶中酒。那么你知道他酒壶里原来有多少酒吗？

好酒！

这条大鲨鱼有24米长。

够长的吧！

原来有7/8斗酒。

原来有7/8斗酒。这道题用逆推的思考方法。最后一次，也就是第三次遇到花丛之前，酒只剩下1斗。所以，第三次遇到酒店之前，酒应该是1÷2=1/2（斗）；那么，第二次遇到花丛之前，就应该是1+1/2=3/2（斗）。第二次遇到酒店之前，酒应该是3/2÷2=3/4（斗）；因此，第一次遇到花丛之前，酒应该是3/4+1=7/4（斗）。所以，第一次遇到酒店之前，酒应该是7/4÷2=7/8（斗）。

问题

花朵上的数

请你根据图形中数字的变化规律，推算出问号处该填什么数字。

问题

窗户上的数

请你根据方框中数字变化的规律，推算出问号处应填入什么数字。

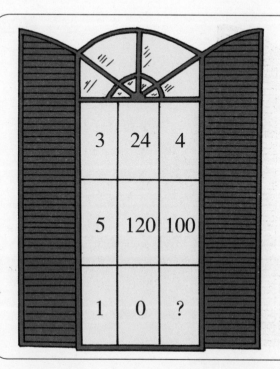

答案

应填入 201，因为从 1 开始按顺时针方向将每个数加 1 再乘以 3，得下一个数。

201	1
66	6
	21

答案

应填 0。因为每行中第一个数的立方减去自身即第二个数，第二个数除以 12 后平方，即得第三个数。

3	24	4
5	120	100
1	0	0

问题

房上的数

请你根据图形中数字的变化规律，推算出问号处该填入什么数字。

问题

填数

右图中已填好四个数字，请你将 1 ～ 8 八个数中的另四个数填入空格，使里面四个方格，外面四个方格，以及两条对角线上的四个方格中的数相加均为 18。你知道该怎么填吗?

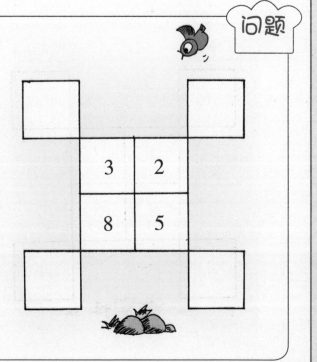

答案

应填 16 或 22，因为各对应角大数减小数都为 3。

9

19

12

15

16/22

12

答案

各方格填入的数如右图。

6		7
	3	2
	8	5
1		4

问题

填数

请你找出图形中这些数字的变化规律，在问号处把数字填上，你能行吗？

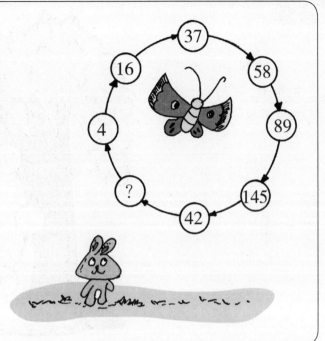

问题

鹿头上的数

请你根据图形中数字的变化规律，推算出问号处该填入什么数字。

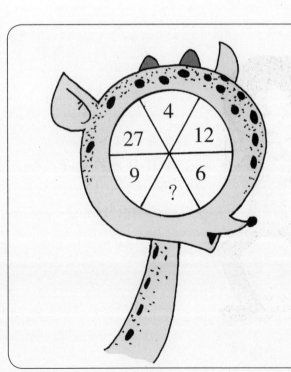

答案

应填20。因为从4开始，$4^2=16$，而16为1和6的组合，所以$1^2+6^2=37$，$3^2+7^2=58$，$5^2+8^2=89$……

答案

应填入18。因为从4开始，前一数字交替乘以3或除以2，就得后面的数字，如$4 \times 3=12$，$12 \div 2=6$，$6 \times 3=18$，$18 \div 2=9$……

问题

钟上的数

请你根据图形中数字的变化规律，推算出空格里该填入什么数字。

（时钟内分格数字：254、0、126、2、62、6、14）

问题

蘑菇上的数

请你找出图形中数字的变化规律，推算出问号处该填入什么数字。

（蘑菇内分格数字：?、9、6、16、4、30、3、36）

该填30。因为从0开始，按顺时针方向，后一个数减去前一个数所得数为2、4、8、16、32、64、128，故14+16=30。

该填入6。因为从9到36，依次除以3、4、5、6得到对角扇形中的数字。

问题

摘桃子

兄弟俩到林子里去摘桃子。回到家，妈妈问他们各摘了多少个桃子。弟弟说："如果哥哥给我 10 个，我俩的桃子一样多。"哥哥说："如果弟弟给我 10 个，我的桃子是他的 2 倍。"你知道他们各摘了多少桃子吗？

问题

分泡泡糖

佳佳口袋里有一些泡泡糖。他把泡泡糖分了一半给丁丁，把剩下的泡泡糖又分了一半给康康，再把剩下的泡泡糖分了一半给贝贝，最后，佳佳还剩下两颗泡泡糖。请问，佳佳一共有几颗泡泡糖？

答案

哥哥摘了 70 个，弟弟摘了 50 个。

我摘了 50 个。

答案

我有 16 颗泡泡糖！

佳佳一共有 16 颗泡泡糖，应该这样计算：

$2 \times 2 = 4$

$4 \times 2 = 8$

$8 \times 2 = 16$

问题

屋顶上的数

请你根据左边房子数字的变化规律，推算出右图问号处的数字。

问题

蘑菇上的数

请你根据图形中的数字变化规律，推算出问号处应填入什么数字。

答案

应填 11。因为左图中窗内数字之和减去门内数字等于屋顶方框内的数字。

答案

该填入 126。因为从 2 开始，后一个数减去前一个数为 4、8、16、32、64、128，故 64+62=126。

问题

车上的数

请你根据图形中数字变化的规律，推算出空格里所缺的数字。小朋友你会吗？

问题

填数

请你仔细瞧瞧，这些数字有什么变化规律，问号处该填入什么数字？

2	4	10
		28

?

答案

应该填39。因为从3开始，依顺时针方向，依次乘以2减去1、2、3……得出后一个数字。22×2−5=39

知道了吧！

39

答案

问号处应为82。因为后一个数是前一个数的3倍减去2。比如：4=2×3−2；10=4×3−2……

82

请你根据图形中数字的变化规律，推算出问号处该填入什么数字。

问题

鸡身上的数

请你仔细找出这只鸡身上数字的变化规律，推算出问号格内是什么数字。

答案

应填入 9。因为前一个数减去 11，便是后一个数。

答案

该填 7。因为从 8 到 35 依次除以 2、3、4、5，得到对角扇形中的数字。

问题

灯笼上的数

请你根据图形中数字的变化规律，推算出问号处该填入什么数字。

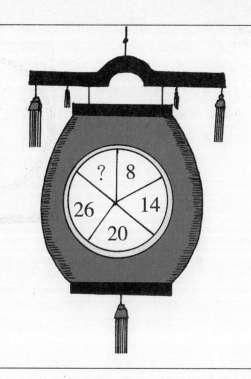

问题

火车上的数

请你根据上图火车头数字的变化规律，推算出下图火车头问号处应该是什么数字。

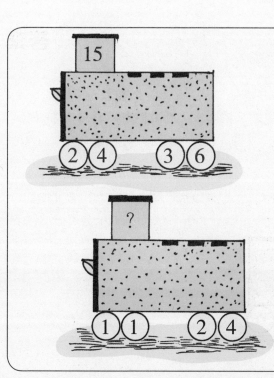

答案

应填32。因为沿顺时针方向，从8开始，每一次增加6，即为后一个数。

答案

应填上8。因为上图车轮内的数字之和等于烟囱上的数字。

问题

冠军是谁

白猫、黑猫、灰猫和花猫比赛捉老鼠，谁捉的老鼠多，谁就是冠军。比赛成绩是这样的：白猫捉的老鼠加上 2，黑猫捉的老鼠减去 2，灰猫捉的老鼠除以 2，花猫捉的老鼠乘以 2，它们的战果就相等了，那么它们谁是冠军呢？

问题

装油

这儿有一只空铁桶，它可以装 50 升油。每天上午装进 10 升油，下午领走 5 升油。请问，这只油桶什么时候才能装满油？

冠军是灰猫。因为它捉了20只老鼠，其他三只猫中，白猫捉了8只老鼠，黑猫捉了12只老鼠，花猫捉了5只老鼠。

到第八天下午，桶里可存40升油，第九天上午就装满了。

鸡身上的数

请你根据图中这些数字的变化规律，推算出问号处该填入什么数。

填数字

请你将1、2、3、4、5、6、7、8八个数字，分别填入8个圆圈里，使A+B+C+D=E+F+G+H=A+E+G+C=D+H+F+B。如果能在3分钟内填出来，你就是很优秀了。

答案

应填 $\dfrac{31}{185}$。分子是2、3、4、5、6的平方分别减去1、2、3、4、5而得；分母是2、3、4、5、6的立方减去相应的分子而得。

答案

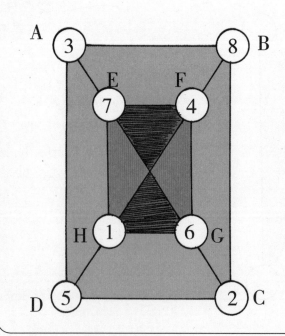

如左图所示。

$2+5+3+8=7+4+6+1=2+7+6+3=8+1+4+5$

数学魔方

问题

请你根据图形中数
字的变化规律，推算出
问号处应填入什么数字。
好好想一下吧！

问题

房子上的数

左图圆圈中的数字
都是有着特殊规律的，
请你据此推算出问号处
该填入什么数。

数学魔方

应填31。因为从5开始，前一个数加后一个数，得下一个数，如5+7=12，7+12=19……

应填27。因为从2开始，按顺时针方向依次加5，便会得到后一个数。

花朵上的数

请你根据图中数字变化的规律，推算出问号处该填入什么数。

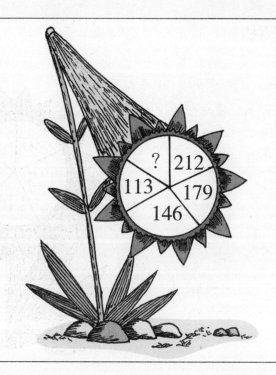

人头上的数

请你根据图中左边两个人身上数字变化的规律，推算右边人头上应填入什么数。

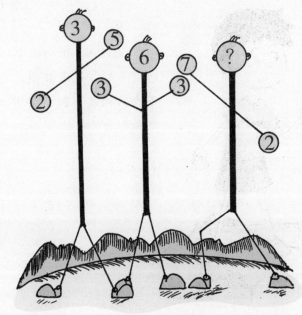

答案

应填80。因为从212开始，依顺时针方向，前一个数字减去33，便得到后一个数。

答案

应填5。因为上举的"手臂"代表正数，下垂的代表负数，两者之和即为头部的数。

问号处的数

请你找出图中数字的变化规律，并推算出问号处应填入什么数。

48	40	36
64		34
		?

灯罩上的数

请你推算出问号处该填入什么数字。

9	4	1
6	6	2
1	9	?

答案

应填33。从64开始，数列中的数依次减少16、8、4、2、1。

答案

应填4。因为每行数字之和均为14。

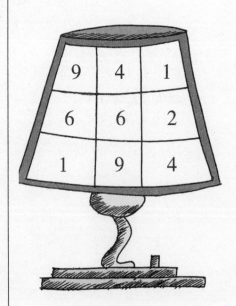

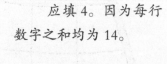

问题

上楼梯

丁丁放学回家，从第一层楼上到第四层楼，他数了数，共有48级台阶，每一层楼的台阶数都一样。丁丁高兴地想："我的家在第八层，现在我已上完一半了，再上48级台阶就到家了。"小朋友们，丁丁的想法对吗？

问题

电线杆

贝贝用均匀的速度朝前走，过了6分钟从第一根电线杆走到了第十二根电线杆。照这样的速度继续走，再过6分钟，他会走到第几根电线杆？

答案

不对。从一楼到四楼，只上了三层楼梯。而从四楼到八楼，要上四层楼梯，不是48级，而是64级。

答案

应该走到第二十三根电线杆，而不是第二十四根电线杆。因为再向前走，应该从第十二根算起，不是从第十三根算起。

问题

找规律

请你根据图中数字的规律变化，推算出问号处该填入什么数。

问题

空圆中的数

图中的数字是按照一定规律排列的，请你在空圆内分别填上适当的数字。

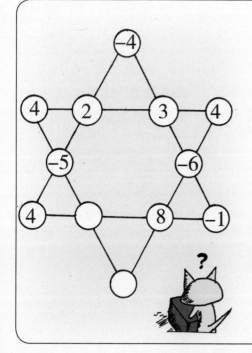

答案

应填34。从4开始，相邻两数依次增加2、4、6、8、10。

答案

应该填2和−9。因为每个小三角形顶点处的数字之和都是1。

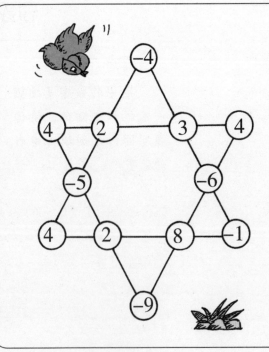

问题

请你根据图中数字变化的规律，推算出问号处该填入什么数。

问题

填数

请将 1 ～ 10 十个数填入图中空格里，使三角形三个顶点及其内四个数之和均等于22。现已填入四个数字，其他的数由你来填吧！

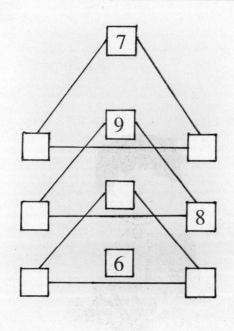

答案

应填 11。将右半圆内的每个数乘以 2 再加上 1，即得到与之相对的对角内的数。

答案

如左图所示。

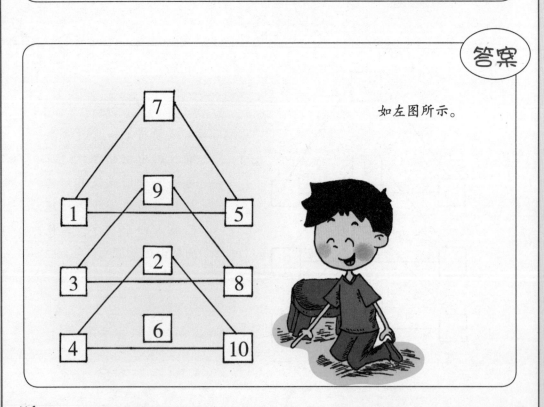

问题

填数

请你找出图形中这些数字的一定规律，推算出问号处该填入什么数字。

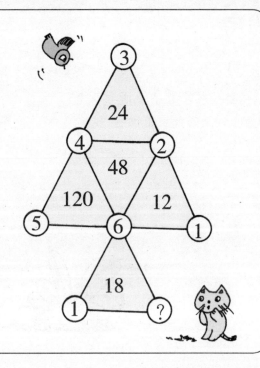

问题

填数

圆圈中的这些数字，都有着特殊的规律，请你据此推算出空格里应该填入什么数。好好想想吧！

答案

问号处应该填3。因为三角形内的数字等于它3个角上圆里的数字之积。

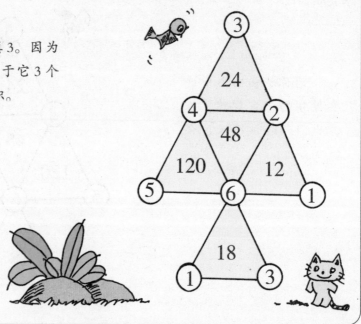

答案

应填23。因为从3开始，相邻两数之差均为4（按顺时针方向）。

问题

智能屋

这是一幢智能小屋，门窗上的三个数满足上图规律，才能打开房门。现在下图中两扇窗户是3、3两个数,要想打开门,必须在门键上输入 A、B、C 中的哪一个数?

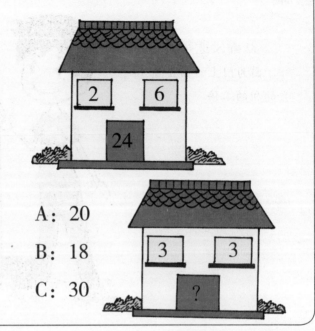

A: 20

B: 18

C: 30

问题

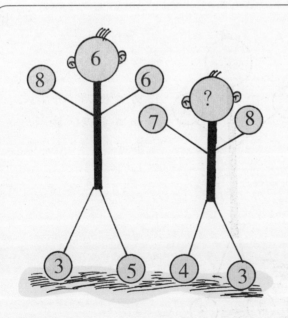

头上的数

请你根据左面图形数字的变化规律,推算出右面图形问号处的数字。

答案

应输入选项的B：18。因为门上的数是窗上数的积的二倍。

答案

应填入8。因为左图两"手"之和减去两"脚"之和即为"头"的数值。

问题

分番茄

篮子里有8只番茄，正好分给8个人，不过最后篮子里必须剩下一个。那么，你知道 应该怎么分吗？

问题

牛吃草

这块草场上若放27头牛，正好6个星期吃完全部草。如果放23头牛，则可吃9个星期。如果现在放21头牛，那么几个星期吃完这里的草呢？

答案

只要把篮子连同番茄分给最后一个人就行了。

最后一个连同篮子给你。

答案

12个星期吃完全部的草。

问题

请你根据图中数字的变化规律，推算出问号格里该填入什么数字。

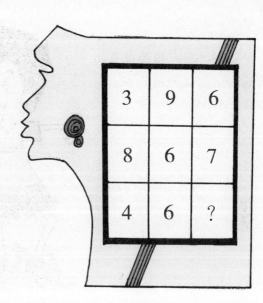

3	9	6
8	6	7
4	6	?

问题

鸡身上的数

请你根据图中数字的变化规律，推算出问号处该填入什么数字。

答案

应填入 5。因为每行的前两个数之和的一半，为第三个数。

答案

应填入 33。因为从 3 开始依顺时针方向，将每一个数乘以 2，然后减去 1，得下一个数。

33　3
17　　5
9

问题

填数

请你根据动物脚上数字的变化规律，推算出动物尾巴问号处该填入什么数字。

问题

填数

请你根据左图中数字的变化规律，推算出右图问号处该填什么数字。

数学魔方

应填入 13。因为从 1 开始前一个数加 3 得后一个数，即 4 = 1 + 3、7 = 4 + 3、10 = 7 + 3。

应填入 7，因为上指"手臂"内的数为正数，下垂的数为负数。正负相加得头上的数。

问题

填数

请你找出图中这些数字的变化规律，推算出问号处该填入什么数字。

44	36	32
60		30

？

问题

花朵上的数

请你根据左图数字的变化规律，推算出右图中问号处该填入什么数字。

16	？
8	4

24	3
12	6

答案

应填入 29。因为此数列依次减少 16、8、4、2、1。

答案

应填入 2。从 16 逆时针除以 2。

问题

房上的数

请你根据图中数字的变化规律，推算出问号格里该填入什么数字。

? 16
9 11
12 10 14

问题

三角形内的数

请你根据上一个图中数字的变化规律，推算出下一个图中三角形问号处该填入什么数字。

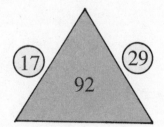

17 29
92

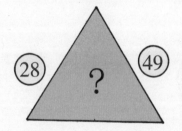

28 49
?

答案

应填 10，因为从 16 开始，相隔的一组数递减 2；从 11 开始，相隔的一组数递减 1。

答案

应填入 154。因为将三角形外面两数相加再乘以 2 得三角形内的数。

问题

这是一个正方形，请你推算出阴影部分是正方形的几分之几。你能算出来吗？

问题

算面积

这是一个正方形。你能巧妙地算出黑色部分是正方形的几分之几吗？

答案

应为 $\frac{5}{8}$。如图所示。

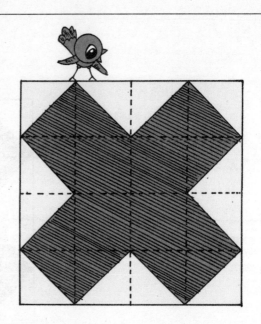

答案

应为 $\frac{5}{8}$。如图所示。

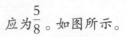

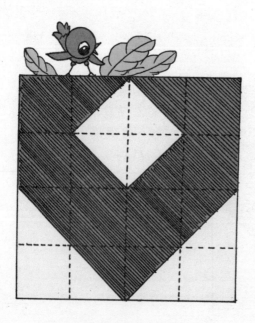

问题

填数字

请你根据上一个图形数字变化的规律，推算出下一个图形问号处应填入什么数字。

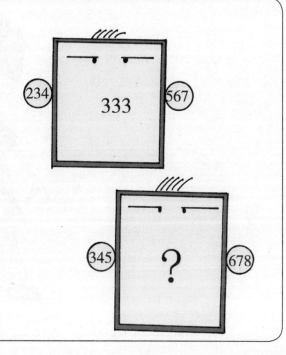

问题

蘑菇上的数

请你找出这些数字的变化规律，推算出问号处该填什么数字。

答案

应该填333。因为图形右边的数减去左边的数，得到图形内的数。

345 333 678

答案

应填29。因为两组数交替出现，依顺时针方向，一组是前一数字减4后除2得下一数字，即（260-4）÷2 = 128，（128-4）÷2 = 62，（62-4）÷2=29；另一组数字是前一数字除以2即得到后一个数字，即216÷2 = 108，108÷2 = 54；54÷2 = 27。

27 260 216
29   128
54 62 108

问题

请你根据图形中前两行数字的变化规律，推算出问号格里该填入什么数字。

9	8	1
6	10	2
5	9	?

问题

请你根据上一个图形中数字的变化规律，推算出问号格里该填入什么数字。

2	6
54	18

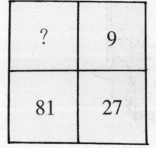

?	9
81	27

答案

　　应填4。因为每行数字之和为18。

答案

　　应填3。因为从2开始，按顺时针方向，每个数乘以3得下一个数。

问题

花朵上的数

请你根据图形中数字的变化规律，推算出问号处的数。

问题

圆和数

请你根据 1、2 号圆中数字的变化规律，推算出 3 号圆中问号处该填什么数字。

答案

应填24。因为从4开始，依逆时针方向，前一个数分别加2、3、4、5、6，即得后一个数。

答案

应填入6。因为每个圆中左、右两数之和再加3即为下面的数。

问题

填数

请你根据图中数字的变化规律，推算出问号格里该填入什么数。

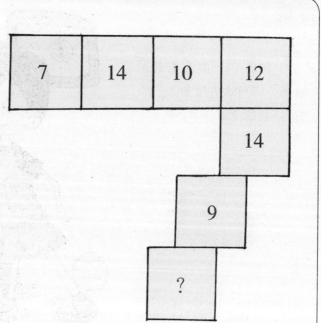

| 7 | 14 | 10 | 12 |

14

9

?

问题

圆里的数

请你根据圆里数字的变化规律，推算出空格中的数字。

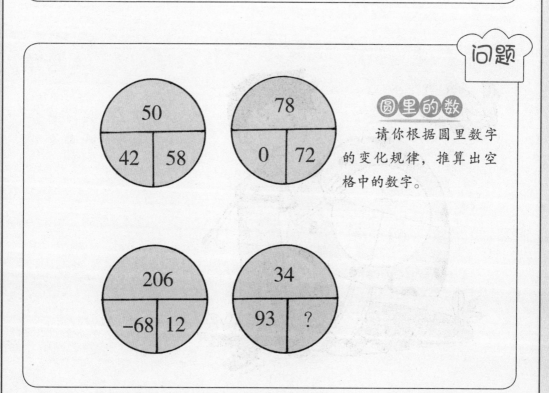

50 / 42 58

78 / 0 72

206 / -68 12

34 / 93 ?

答案

应填 19。因为有两组数列，一列依次增加 3、4、5；一列依次减少 2、3。

19

答案

应填 23。因为整个圆里数字的和都是 150。

34

93 23

填数

请你想一想，问号处填入什么数字就可以完成这道题？

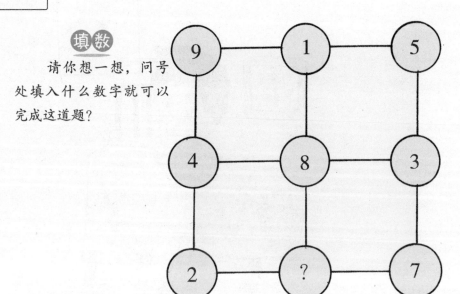

正方形上的数

请你找一找这些数字有什么变化规律，问号处该填上什么数字？

4		3		9		1
5		2		3		8
6		4		2		5
6		12		5		?

应填 6。无论是纵向计算，还是横向计算，数字相加都等于 15。

6

2

应填 2。因为在每个正方形中，外面三个角上的数字之和除以中间角上的数字，所得结果都是 6。

问题

算面积

这是一个正方形，请你用巧妙的方法算出阴影部分是正方形的几分之几。

问题

排圆点

你能在图中的边框中加一个小圆点，并重新排列，使正方形的每一边都保持6个小圆点吗？

答案

应为 $\frac{7}{16}$。

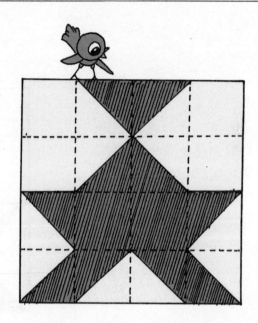

答案

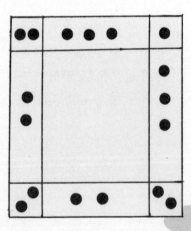

如图所示。原本正
方形每边是 6 个小圆点，
总数是 16 个小圆点。
现在加了 1 个小圆点，
总数为 17 个小圆点，
但每边仍是 6 个小圆点。

问题

排列

现在正方形第一、第三行与第一、第三列中都有 4 个圆点，请你重新安排图中的 12 个圆点，使正方形的上述行与列都有 5 个圆点。你能行吗？

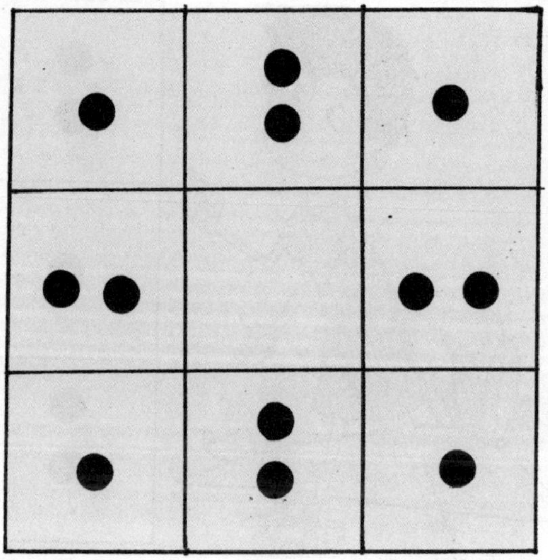

问题

图形算式

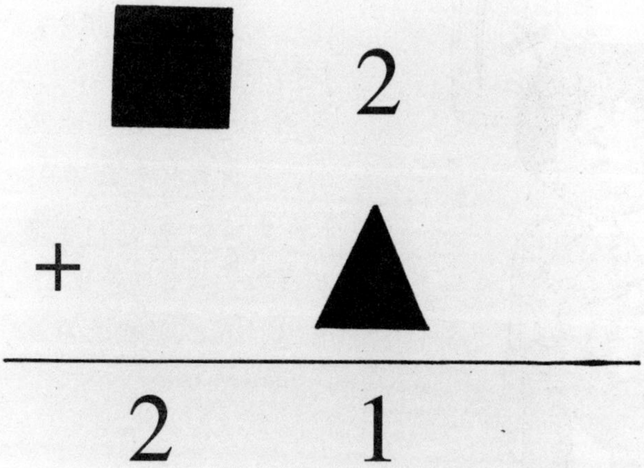

在这个算式里，正方形和三角形各应代表什么数字呢？

■ 2

+ ▲
―――――
2 1

答案

如图如示。

答案

只有2和9相加，和的个位数才能是1，所以从算式里可以看出，三角形代表数字9；2和9相加等于11，正方形加上进位1等于2，所以，正方形代表数字1。即12+9=21。

在这个正方形中，第一、第三行与第一、第三列中排列都有 8 个圆，现在拿走 2 个圆，使第一、第三行与第一、第三列中还都有 8 个圆，该怎么排？

问题

图形等式

不同的图形代表不同的数字，请你把图形换成数字，组成等式。

数学魔方

答案

如图所示。

答案

```
  1   3
+     8
───────
  2   1
```

从算式看出，三角形是1，3加上什么数和才能出现1呢？这个数是8，所以五角星是8，即：13+8=21。

148

问题

合理的等式

把1、2、3填入空圆里，组成等式，你能行吗？

$$\text{③} - \text{②} = \text{①}$$
$$+ \quad\quad + \quad\quad +$$
$$\bigcirc - \bigcirc = \bigcirc$$
$$= \quad\quad = \quad\quad =$$
$$\text{⑥} - \text{③} = \text{③}$$

问题

 4

 菱形

+ ————————

3

图形等式

不同的图形代表不同的数字，请你把图形换成数字，组成等式。

如图所示。

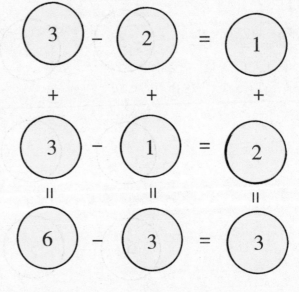

$$3 - 2 = 1$$
$$+ \quad + \quad +$$
$$3 - 1 = 2$$
$$= \quad = \quad =$$
$$6 - 3 = 3$$

$$\begin{array}{r} 2\ 4 \\ +\quad 8 \\ \hline 3\ 2 \end{array}$$

从等式看出，正方形是2，4加上什么数和才能出现2呢？这个数是8，所以菱形是8，即24+8=32。

数换图形

图中只有两个数字，其他四个数字是用图形代表的，请你用相应的数字把图形替换掉，组成合理的等式。

$+$

3

图形算式

正方形和三角形分别代表什么数字，这个算式才能成立呢？

$+$

3

答案

由于十位数的两个正方形相加等于3，知正方形代表数字1，个位数2和圆形相加进位1；由个位数的2和圆形相加，和的尾数是1，知圆形代表数字9，即：12+19=31。

答案

由两个三角形相加等于正方形得出，正方形是偶数，这个数小于3，所以正方形是2；只有两个6相加，和的个位数才能是2，所以三角形是6，即26+6=32。

请你把 1、2、3、4、5、6、7、8、9 填入空圆里，组成三个等式。你能办到吗？

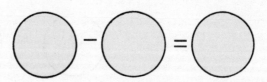

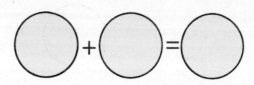

请你把 1、2、3、4、5 填进这道题的括号里，组成等式。你能行吗？

（　　）+（　　）+（　　）=（　　）（　　）

答案

如图所示。

2 × 3 = 6

8 − 7 = 1

5 + 4 = 9

答案

如下图所示。

（ 3 ） + （ 4 ） + （ 5 ） = （ 1 ） （ 2 ）

问题

填上相同的数

请你在下面的算式中填入同一个数字，组成等式。

$$(\quad) \times (\quad) - (\quad) \div (\quad) = 3$$

问题

组成等式

请你把四个1，两个8，两个9填入空格里，组成四个等式，你能办到吗？

数学魔方

答案

填上 2。如下图所示。

$$（2）\times（2）-（2）\div（2）=3$$

答案

8	÷	1	=	8
+				+
1				1
∥				∥
9	×	1	=	9

如图所示。

问题

组 成 等 式

请你在等号左边填上各种数字符号，分别组成等式。

5　4　3　2　1 = 1

5　4　3　2　1 = 1

5　4　3　2　1 = 1

5　4　3　2　1 = 1

问题

等 式

请你在等号左边填上各种数学符号，分别组成等式。

1　2　3　4　5 = 2

1　2　3　4　5 = 2

1　2　3　4　5 = 2

答案

如右所示。

$$5 - 4 + 3 - 2 - 1 = 1$$

$$(5 + 4) \div 3 - 2 \div 1 = 1$$

$$(5 + 4) \div 3 - 2 \times 1 = 1$$

$$(5 - 4) \times (3 - 2) \times 1 = 1$$

答案

如左所示。

$$(1 + 2 + 3 + 4) \div 5 = 2$$

$$1 + 2 \div (3 + 4 - 5) = 2$$

$$(1 \times 2 \times 3 + 4) \div 5 = 2$$

图书在版编目（ＣＩＰ）数据

数学魔方/王维浩编著.--长春:吉林科学技术
出版社,2017.7
（锻炼脑力思维游戏）
ISBN 978-7-5578-1919-4

Ⅰ.①数…Ⅱ.①王…Ⅲ.①数学－少儿读物 Ⅳ.
①O1-49

中国版本图书馆CIP数据核字(2017)第052385号

锻炼脑力思维游戏：数学魔方

DUANLIAN NAOLI SIWEI YOUXI: SHUXUE MOFANG

编　　著	王维浩	
编　　委	牛东升　李青凤　王宪名　杨　伟　石玉林　樊淑民	
	张进彬　谢铭超　王　娟　石艳婷　李　军　张　伟	
出 版 人	李　梁	
责任编辑	吕东伦　高千卉	
封面设计	长春美印图文设计有限公司	
制　　版	雅硕图文工作室	
插图设计	刘　俏　杨　丹　李　青　高　杰　高　坤	
开　　本	710mm×1000mm　1/16	
字　　数	100千字	
印　　张	10	
版　　次	2017年7月第1版	
印　　次	2017年7月第1次印刷	

出　　版　吉林科学技术出版社
发　　行　吉林科学技术出版社
地　　址　长春市人民大街4646号
邮　　编　130021
发行部电话 / 传真　0431-85635177　85651759
　　　　　　　　　　85651628　85600611
储运部电话　0431-86059116
编辑部电话　0431-85635186
网　　址　www.jlstp.net
印　　刷　长春人民印业有限公司

书　　号　ISBN 978-7-5578-1919-4
定　　价　22.00元
如有印装质量问题可寄出版社调换